拼音版

成才必备的

数学小百科

SHUXUE XIAO BAIKE

芦 军 编著

安徽美术出版社
全国百佳图书出版单位

图书在版编目（CIP）数据

成才必备的数学小百科 / 芦军编著. —合肥：安徽美术出版社，2014.6
（梦想的力量）
ISBN 978-7-5398-5052-8

Ⅰ.①成… Ⅱ.①芦… Ⅲ.①数学—少儿读物 Ⅳ.①O1-49

中国版本图书馆CIP数据核字（2014）第106768号

出 版 人：武忠平　　责任编辑：程　兵　　特约编辑：陈　鹏
助理编辑：方　芳　　责任校对：吴　丹　刘　欢
责任印制：徐海燕　　版式设计：北京鑫骏图文设计有限公司

梦想的力量
成才必备的数学小百科
Mengxiang de Liliang　Chengcai Bibei de Shuxue Xiao Baike

出版发行：安徽美术出版社（http://www.ahmscbs.com/）
地　　址：合肥市政务文化新区翡翠路1118号出版传媒广场14层
邮　　编：230071
经　　销：全国新华书店
营 销 部：0551-63533604（省内）0551-63533607（省外）
印　　刷：河北省廊坊市永清县晔盛亚胶印有限公司
开　　本：880mm × 1230mm　1/16
印　　张：6
版　　次：2015年6月第1版　2015年6月第1次印刷
书　　号：ISBN 978-7-5398-5052-8
定　　价：24.00元

目录

梦想的力量

nǐ zhī dào shù de lái lì ma
你知道数的来历吗

wǒ men měi tiān dōu zài hé shù dǎ jiāo dào nà nǐ zhī dào zhè xiē shù shì
我们每天都在和数打交道，那你知道这些数是
cóng nǎ li lái de ma tā yòu shì zài shén me shí hou chū xiàn de ne yīn wèi
从哪里来的吗？它又是在什么时候出现的呢？因为
shù chǎn shēng de nián dài tài jiǔ yuǎn le gēn běn méi yǒu bàn fǎ qù kǎo zhèng
数产生的年代太久远了，根本没有办法去考证，
dàn yǒu yī diǎn shì kěn dìng de nà jiù shì shù de gài niàn yǔ jì shù de fāng fǎ
但有一点是肯定的，那就是数的概念与计数的方法
zǎo zài wén zì chū xiàn zhī qián jiù yǐ jīng fā zhǎn qǐ lai le
早在文字出现之前就已经发展起来了。

早在原始时期，人类为了生存，必须每天都出去打猎和采集野果作为食物。有时他们满载而归，可有时他们却空手而回。有时带回来的食物多得吃不完，有时又不够吃。所获食物的这种在数和量上的变化，让人类逐渐产生了对数的认识。并且随着社会的不断发展，简单的计数也就不可避免地产生了。例如，一个部落有必要知道它有多少位成员，有多少敌人，一个人也要知道他羊圈里面的羊是不是少了等。可是，当时各地区、各民族的人们是怎样计数的呢？根据考古证据表明，人类在计数时，均不约而同地使用了“一一对应”的方法。如有的部落的少女习惯性地在颈上佩戴铜环，而铜环的个数则等于她的年龄，还有的地方的人们经常扳手指头来计数，这其实都是一一对应方法的具体表现。

由于社会的发展和人们交流的需要，随之便产生了用语言来表述一定量的数目，人们把计数的结果用符号记录下来，称作计数。在我国古代文字未出现时就有了结绳计数；在象形文字出现以后，便出现了文字计数。古老的中国在3000多年前的殷商甲骨文中，便有从1到10的全部数字了。例如“1”用“—”表示，“2”用“=”表示，“3”用“≡”表示等。这些符号到后来逐渐演变为“一、二、三……十”等文字。在南美有一个部落的人拿“中指”来表示数词“三”，他们便把“三天”说成“中指天”。他们还把“一、二、三”在字面上当作“一颗谷粒”“两颗谷粒”“三颗谷粒”。从用具体的事物来表示数目到用很抽象的符号来表示数目，中间经过了很漫长的过程。

shén me shì shù xué
什么是数学

wǒ men cóng xiǎo jiù kāi shǐ xué shù xué　nà nǐ zhī dào shén me shì shù
我们从小就开始学数学，那你知道什么是数
xué ma　jiǎn dān shuō lái　shù xué jiù shì yán jiū xiàn shí shì jiè zhōng shù liàng
学吗？简单说来，数学就是研究现实世界中数量
guān xi hé kōng jiān xíng shì de kē xué　jí yán jiū shù hé xíng de kē xué
关系和空间形式的科学，即研究数和形的科学。
shù xué yī zhí shì rén lèi cóng shì shí jiàn huó dòng de bì yào gōng jù　shù xué
数学一直是人类从事实践活动的必要工具。数学
suǒ yán jiū de nèi róng suí zhe shè huì de jìn bù hé fā zhǎn　yī zhí zài bù duàn de fā zhǎn hé kuò dà
所研究的内容随着社会的进步和发展，一直在不断地发展和扩大。

jiù shù ér yán　cóng zì rán shù
就数而言，从自然数

的计数和计算开始，逐步发展到有理数、无理数、实数、复数理论和代数方程理论等。就形而言，从平面几何发展到空间立体几何、解析几何等。从20世纪40年代电子计算机诞生后，数学的发展更快、分支更多了。比如数理逻辑、系统工程等，雨后春笋般地涌现。

数学是基础教育中最基本的课程之一。因此，我们作为学生，一定要掌握数学基础知识，努力培养和提高自己的计算能力、逻辑思维能力、空间想象能力以及数学应用能力。

什么是自然数

当我们在数物体时，用来表示物体个数的0、1、2、3、4、5、6、7、8、9、10……就叫作自然数。在自然数中，“0”是最小的，任何一个自然数都是由若干个“1”组成的。所以，“1”是自然数的单位。如

guǒ cóng qǐ bǎ zì rán shù àn zhào hòu mian de yī gè shù bǐ qián mian
果从“1”起，把自然数按照后面的一个数比前面
de yī gè shù duō de shùn xù pái liè qǐ lai jiù dé dào yī gè shù liè
的一个数多“1”的顺序排列起来，就得到一个数列：1、
zhè ge yóu quán tǐ zì rán shù yī cì pái liè chéng de shù liè
2、3、4、5……这个由全体自然数依次排列成的数列
jiào zuò zì rán shù liè
叫作自然数列。

zì rán shù liè yǒu yǐ xià xìng zhì
自然数列有以下性质：

zì rán shù liè yǒu qǐ shǐ shù shì zì rán shù liè de qǐ
1. 自然数列有起始数，“1”是自然数列的起
shǐ shù
始数。

zì rán shù liè shì yǒu xù de jí zì rán shù liè měi yī gè shù
2. 自然数列是有序的，即自然数列每一个数
de hòu mian dōu yǒu yī gè ér qiě zhǐ yǒu yī gè hòu jì shù
的后面都有一个而且只有一个后继数。

zì rán shù liè shì wú xiàn de jí zì rán shù liè li bù cún zài zuì
3. 自然数列是无限的，即自然数列里不存在“最
hòu de shù
后”的数。

shén me shì hán shù
什么是函数

zài mǒu yī guò chéng zhōng kě yǐ qǔ bù tóng shù zhí de liàng jiào zuò biàn liàng zài mǒu yī guò chéng zhōng bǎo chí yī dìng shù zhí de liàng jiào zuò cháng liàng biǎo shì cháng liàng de shù jiào zuò cháng shù lì rú yī tái chōu shuǐ jī měi miǎo zhōng chōu shuǐ qiān kè nà me chōu shuǐ zǒng liàng hé shí jiān

在某一过程中可以取不同数值的量，叫作变量；在某一过程中保持一定数值的量，叫作常量，表示常量的数叫作常数。例如：一台抽水机每秒钟抽水20千克，那么抽水总量y和时间

x有下面的关系：$y=20x$。x、y都可以取不同的数值，都是变量，20千克在抽水过程中是保持不变的量。对于自变量的每一个确定的值，另一个变量都有确定的值和它对应，这样的变量叫作自变量的函数。如上例，时间的值可以在$x \geqslant 0$的范围内任意选取，对于x的每一个确定的值，抽水总量y都有唯一的值和它对应。

因此，y是x的函数。

如果y是x的函数，一般可以记作：$y=f(x)$。自变量x的取值范围叫作函数的定义域。函数包括：一次函数（$y=x+5$）、正比例函数（$y=3x$）、反比例函数（$y=k/x$，k为常数，$k \neq 0$，x、$y \neq 0$）、二次函数（$y=x^2$）。

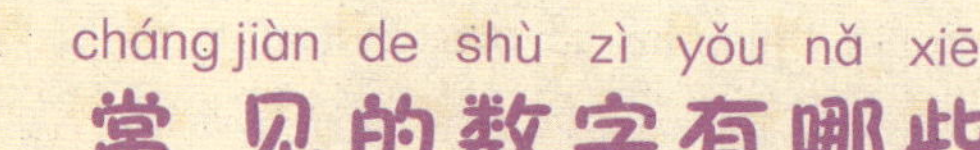

常见的数字有哪些

1. 中国数字：我国汉字中以及过去商业中通用的计数符号，有小写、大写两种。

小写：〇、一、二、三、四、五、六、七、八、九、十等。

大写：零、壹、贰、叁、肆、伍、陆、柒、捌、玖、拾等。

2. 罗马数字：罗马人创造的计数符号。基本的共有七个：I（表示1）、V（表示5）、X（表示10）、L（表示50）、C（表示100）、D（表示500）、M（表示1000）。

3. 阿拉伯数字：共有十个，0、1、2、3、4、5、6、7、8、9。由于它书写简单，计数方便，易于运算，所以早就成为国际通用的数字。数学中所说的数字一般是指阿拉伯数字。

zhōng guó shù zì
中国数字

duì wǒ men lái shuō zuì shú xī de shì zhōng guó shù zì tā yǒu dà xiě xiǎo xiě liǎng zhǒng biǎo shì fāng fǎ
对我们来说最熟悉的是中国数字，它有大写、小写两种表示方法。

dà xiě líng yí èr sān sì wǔ lù qī bā jiǔ shí bǎi qiān mò
大写：零、壹、贰、叁、肆、伍、陆、柒、捌、玖、拾、佰、仟、萬。

xiǎo xiě yī èr sān sì wǔ liù qī bā jiǔ shí bǎi qiān wàn
小写：〇、一、二、三、四、五、六、七、八、九、十、百、千、万。

wèi shén me huì yǒu dà xiǎo xiě qū fēn ne
为什么会有大小写区分呢？

yǒu zhè yàng yī gè xiǎo gù shi
有这样一个小故事。

jù shuō zài zhū yuán zhāng tǒng zhì de míng cháo chū nián yǒu sì
据说，在朱元璋统治的明朝初年，有四
dà àn jiàn hōng dòng yī shí qí zhōng yǒu yī gè zhòng dà tān wū àn zhè
大案件轰动一时，其中有一个重大贪污案，这
jiù shì guō huán àn guō huán céng rèn hù bù shì láng rèn zhí qī jiān
就是“郭桓案”。郭桓曾任户部侍郎，任职期间
gōu jié dì fāng guān lì qīn tūn zhèng fǔ xǔ duō qián cái yǐn qǐ le lǎo
勾结地方官吏，侵吞政府许多钱财，引起了老
bǎi xìng de bù mǎn hòu lái tā bèi rén gào fā àn jiàn qiān lián le xǔ
百姓的不满。后来，他被人告发，案件牵连了许
duō dà xiǎo guān yuán hé dì fāng guān liáo dì zhǔ zhū yuán zhāng duì cǐ dà
多大小官员和地方官僚、地主。朱元璋对此大
wéi zhèn jīng xià lìng jiāng yǔ běn àn yǒu guān de shù bǎi rén yī lǜ chǔ sǐ
为震惊，下令将与本案有关的数百人一律处死。
tóng shí cháo tíng yě zhì dìng le yán gé de chéng zhì jīng jì fàn zuì de fǎ
同时，朝廷也制定了严格的惩治经济犯罪的法
lìng bìng zài cái wù guǎn lǐ shang shí xíng le yī xiē xīn de cuò shī qí
令，并在财务管理上实行了一些新的措施。其
zhōng yǒu yī tiáo jiù shì bǎ jì zǎi qián liáng shuì shōu shù zì de hàn zì
中有一条就是把记载钱粮、税收数字的汉字
yī èr sān sì wǔ liù qī bā jiǔ shí bǎi qiān gǎi yòng dà xiě yí èr
“一二三四五六七八九十百千”；改用大写“壹贰
sān sì wǔ liù qī bā jiǔ shí bǎi qiān yǐ bì miǎn yǒu rén zài shù zì shang zuò
叁肆伍陆柒捌玖拾佰仟”，以避免有人在数字上做
shǒu jiǎo dǔ sè le cái wù guǎn lǐ shang de yī xiē lòu dòng zhōng guó shù zì
手脚，堵塞了财务管理上的一些漏洞。中国数字
de dà xiě yě jiù yóu cǐ chǎn shēng le
的大写也就由此产生了。

luó mǎ shù zì
罗马数字

luó mǎ shù zì jiù shì luó mǎ rén chuàng zào de shù zì tā de fú hào yī
罗马数字就是罗马人创造的数字，它的符号一
gòng yǒu gè dài biǎo dài biǎo dài biǎo dài
共有7个：I（代表1）、V（代表5）、X（代表10）、L（代
biǎo dài biǎo dài biǎo dài biǎo
表50）、C（代表100）、D（代表500）、M（代表1000）。
zhè gè fú hào de wèi zhi bù lùn zěn yàng biàn huà tā suǒ dài biǎo de shù zì
这7个符号的位置不论怎样变化，它所代表的数字
dōu shì bù biàn de
都是不变的。

tā men àn zhào xià liè guī lǜ zǔ hé qǐ lai jiù néng biǎo shì rèn hé shù
它们按照下列规律组合起来，就能表示任何数：

chóng fù
①重复

cì shù yī gè luó mǎ shù zì fú hào
次数：一个罗马数字符号

chóng fù jǐ cì jiù biǎo shì zhè ge shù de jǐ bèi rú guà zhōng shang
重复几次，就表示这个数的几倍。如：挂钟上

de jiù yòng biǎo shì
的3就用“Ⅲ”表示。

yòu jiā zuǒ jiǎn yī gè dài biǎo dà shù zì de fú hào yòu bian fù
②右加左减：一个代表大数字的符号右边附

yī gè dài biǎo xiǎo shù zì de fú hào jiù biǎo shì dà shù zì jiā xiǎo shù
一个代表小数字的符号，就表示大数字加小数

zì rú yòng biǎo shì yī gè dài biǎo dà shù zì de fú
字，如：6用“Ⅵ”表示；一个代表大数字的符

hào zuǒ bian fù yī gè dài biǎo xiǎo shù zì de fú hào jiù biǎo shì dà shù
号左边附一个代表小数字的符号，就表示大数

zì jiǎn qù xiǎo shù zì de shù mù rú yòng biǎo shì
字减去小数字的数目，如：4用“Ⅳ”表示。

shàng jiā héng xiàn zài luó mǎ shù zì shang jiā yī héng xiàn biǎo
③上加横线：在罗马数字上加一横线，表

shì zhè ge shù zì de yī qiān bèi rú biǎo shì
示这个数字的一千倍。如：“$\overline{\text{XV}}$”表示15000。

ā lā bó shù zì

阿拉伯数字

wǒ men xiàn zài jì shù yòng de
我们现在计数用的1、2、3、4、5、6、7、8、9、0，
bèi chēng zuò ā lā bó shù zì tā shì xiàn zài shì jiè gè guó tōng yòng de jì shù
被称作阿拉伯数字，它是现在世界各国通用的计数
fú hào ā lā bó shù zì shì yóu gǔ yìn dù rén fā míng de dà yuē zài gōng
符号。阿拉伯数字是由古印度人发明的。大约在公

yuán shì jì yìn dù de shǐ jié
元8世纪，印度的使节
lái dào dāng shí de ā lā bó dì
来到当时的阿拉伯帝
guó tā men xiàn gěi guó wáng yī
国，他们献给国王一
jiàn tè shū de lǐ wù yī běn
件特殊的礼物——一本
yòng xīn de jì shù fāng fǎ biān zhì
用新的计数方法编制
de tiān wén lì fǎ shū ā lā
的天文历法书。阿拉
bó guó wáng jué de zhè jiàn lǐ wù
伯国王觉得这件礼物
yǒu jù dà jià zhí yú shì yào guó
有巨大价值，于是要国
nèi de shù xué jiā zài quán guó xuān
内的数学家在全国宣

传推广这种新的计数方法。有一位叫花拉子米的数学家，还专门写了一本书叫《印度的计算术》。书中介绍了这些印度数字的写法，以及印度人的十进位制计数法和以此为基础的算术知识。公元12世纪初，意大利科学家斐波那契用拉丁文写成《算盘书》，又将印度数字介绍给欧洲人。欧洲人误以为是阿拉伯人发明的，就把它叫作阿拉伯数字了。

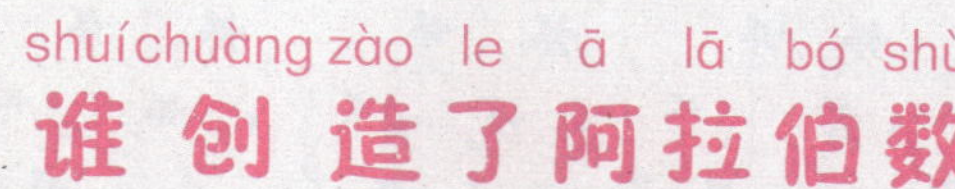

shuí chuàng zào le ā lā bó shù zì
谁创造了阿拉伯数字

wǒ men zài xué xí shù xué shí zǒng lí bù kāi ā lā bó shù zì
我们在学习数学时，总离不开阿拉伯数字——1、2、3、
nǐ zhī dào zhè xiē shù zì shì shuí chuàng zào de ma shì
4、5、6、7、8、9、0。你知道这些数字是谁创造的吗？是
ā lā bó rén ma shì shí shang zhè xiē shù zì bìng bù shì ā lā bó rén chuàng zào
阿拉伯人吗？事实上，这些数字并不是阿拉伯人创造
de ér shì yóu yìn dù rén chuàng zào de zài gōng yuán shì jì qián hòu cái chuán
的，而是由印度人创造的，在公元8世纪前后才传
dào ā lā bó nà wèi shén me bǎ tā jiào zuò ā lā bó shù zì ne
到阿拉伯。那为什么把它叫作“阿拉伯数字”呢？

zhè lǐ miàn hái yǒu yī gè xiǎo gù shi ràng wǒ men yī qǐ lái kàn kan
这里面还有一个小故事，让我们一起来看看

ba gōng yuán shì jì tuán jié zài yī sī
吧！公元7世纪，团结在伊斯
lán jiào qí zhì xia de ā lā bó rén zhēng fú le
兰教旗帜下的阿拉伯人征服了
zhōu wéi de mín zú jiàn lì le dōng qǐ yìn
周围的民族，建立了东起印
dù xī jīng fēi zhōu dào xī bān yá de sā lā
度、西经非洲到西班牙的撒拉
sūn dà dì guó hòu lái zhè ge yī sī lán jiào
孙大帝国。后来，这个伊斯兰教
dà dì guó fēn liè chéng dōng xī liǎng gè guó
大帝国分裂成东、西两个国

家。由于这两个国家的历代君王都很重视科学与文化，所以两国的首都都非常繁荣。特别是东都巴格达，西来的希腊文化和东来的印度文化都汇集到这里。阿拉伯人将两种文化理解消化，从而创造了独特的阿拉伯文化。在公元750年后的一年，有一位印度的天文学家拜访了巴格达王宫，他带来了印度制作的天文表，并把它献给了当时的国王。印度数字1、2、3……以及印度式的计算方法也正是这个时候被介绍给阿拉伯人的。由于印度数字和印度计数法既简单又方便，它的优点远远超过其他的计数法，所以，它很快又被阿拉伯人广泛传播到欧洲各国。因此，由印度产生的数字被称作“阿拉伯数字”。

阿拉伯数字传入中国是在公元13世纪以后，1892年才在我国正式被使用。

jǐ hé xué shì rú hé chǎnshēng de
几何学是如何产生的

jǐ hé xué zhè ge míng cí zài xī là wén zhōng jiù shì liàng dì
几何学这个名词，在希腊文中就是“量地
shù de yì si duō nián qián de ní luó hé nián nián fàn làn chéng
术”的意思。3000多年前的尼罗河，年年泛滥成
zāi xiōng yǒng de hóng shuǐ jīng cháng huì yān mò yán hé liǎng àn de tǔ dì bù
灾，汹涌的洪水经常会淹没沿河两岸的土地，不
duàn biàn huà de tǔ dì miàn jī xū yào cè liáng ér jǐ hé zhī shí yě yóu tǔ dì
断变化的土地面积需要测量，而几何知识也由土地
cè liáng zhú jiàn xíng chéng cǐ wài ní luó hé sān jiǎo zhōu nán miàn yǒu
测量逐渐形成。此外，尼罗河三角洲南面，有70
duō zuò jīn zì tǎ rén men zài jiàn zào zhè xiē jù dà jiàn zhù wù de guò chéng
多座金字塔，人们在建造这些巨大建筑物的过程
zhōng yě jī lěi le fēng fù de jǐ hé xué zhī shí hòu lái jǐ hé xué biàn fā
中，也积累了丰富的几何学知识，后来几何学便发
zhǎn chéng wéi yī mén dú lì de xué kē bèi yù wéi lǐ zhì de cái fù
展成为一门独立的学科，被誉为“理智的财富”。

zài gǔ xī là rén men shí fēn
在古希腊，人们十分
zhòng shì duì jǐ hé xué de yán jiū
重视对几何学的研究，
dāng shí yī gè rén ruò bù dǒng jǐ
当时一个人若不懂几
hé xué jiù bù néng bèi rèn wéi shì
何学，就不能被认为是

yǒu xuéwen de rén
有学问的人。

wǒ guó shì wén míng gǔ guó zhī yī jǐ hé xué shang de chéng jiù yě
我国是文明古国之一，几何学上的成就也
hěn duō rú shāng gāo dìng lǐ zǔ chōng zhī de yuán zhōu lǜ liú huī de
很多，如商高定理、祖冲之的圆周率、刘徽的
gē yuán shù děng dōu bǐ xī fāng guó jiā yào zǎo de duō
割圆术等，都比西方国家要早得多。

dà yuē zài gōng yuán qián nián gǔ xī là shù xué jiā ōu jǐ lǐ dé bǎ
大约在公元前300年，古希腊数学家欧几里得把
jǐ hé zhī shí jiā yǐ xì tǒng de zhěng lǐ xiě le yī běn shū jiào zuò jǐ hé
几何知识加以系统的整理，写了一本书，叫作《几何
yuán běn hòu lái bèi yì chéng duō guó wén zì jīn tiān gè guó de xué xiào li
原本》，后来被译成多国文字。今天各国的学校里
jiǎng shòu de jǐ hé xué de zhǔ yào nèi róng yě shì lái zì ōu shì jǐ hé xúe
讲授的几何学的主要内容也是来自欧氏几何学。

míng dài wàn lì sān shí wǔ nián nián wǒ guó kē xué jiā xú
明代万历三十五年（1607年），我国科学家徐
guāng qǐ yǔ yì dà lì chuán jiào shì lì mǎ dòu hé zuò fān yì le jǐ hé yuán
光启与意大利传教士利玛窦合作翻译了《几何原
běn de qián liù juàn xú guāng qǐ jiāng yīng wén jǐ hé yī cí jí
本》的前六卷。徐光启将英文“几何”一词，即
de zì tóu yīn yì wéi jǐ hé ér hàn wén
“geometry”的字头“geo”音译为“几何”，而汉文
jǐ hé de yì yì shì duō shǎo zhè ge yì míng yǔ yuán míng de
“几何”的意义是“多少”，这个译名与原名的
yīn yǔ yì dōu hěn tiē qiè yì de hěn hǎo yú shì jǐ hé xué yī
音与义都很贴切，译得很好。于是，“几何学”一
cí kāi shǐ zài wǒ guó guǎng fàn bèi shǐ yòng
词开始在我国广泛被使用。

zěn yàng xué hǎo shù xué
怎样学好数学

gāng jiē chù shù xué shí nǐ shì fǒu jué de xué qǐ lái hěn kùn nán zěn
刚接触数学时，你是否觉得学起来很困难？怎
yàng cái néng xué hǎo shù xué ne xiàn zài wǒ men jiǎn dān de jiè shào jǐ zhǒng xué
样才能学好数学呢？现在我们简单地介绍几种学
xí fāng fǎ
习方法。

kè qián yù xí rán hòu cóng zhōng zhǎo chū yí nán wèn tí děng
1. 课前预习，然后从中找出疑难问题，等
dào shàng kè shí kě yǐ yǒu dì fàng shǐ de rèn zhēn tīng jiǎng
到上课时，可以有的放矢地认真听讲。

2. 多思考，多问几个为什么，并善于总结和掌握规律。

3. 手脑并用，勤动脑，多动手，在课堂上多发言、多练习。

4. 学过的知识要学会消化巩固，温故而知新。

5. 做练习时，要仔细读题，认真验算。对于同一道题，要开动脑筋，做到一题多解。

6. 考试过后，要注意分析，总结经验。

只有这样，你才能把数学学好。

yuǎn gǔ shí qī rén lèi shì zěn yàng jì shù de
远古时期人类是怎样计数的

rén men yī kāi shǐ shì lì yòng shǒu zhǐ lái jì shù de dàn suí zhe shāng
人们一开始是利用手指来计数的。但随着商

pǐn jīng jì huó dòng de fù zá huà yǒu shí wù tǐ de shù mù bǐ rén shǒu zhǐ de
品经济活动的复杂化，有时物体的数目比人手指的

shù mù hái yào duō yòng shǒu zhǐ jì shù jiù jiě jué bù liǎo wèn tí yú shì rén
数目还要多，用手指计数就解决不了问题。于是，人

men biàn kāi shǐ lì yòng zhōu wéi de wù tǐ dàng zuò jì shù de gōng jù rú zài
们便开始利用周围的物体当作计数的工具，如在

xiǎo gùn zi shang huà jì hao fàng
小棍子上画记号、放

mù shí lì yòng shí zǐ jì shù zài
牧时利用石子计数、在

shéng zi shang dǎ jié děng děng
绳子上打结，等等。

zhí zhì jīn tiān zài shì jiè de mǒu
直至今天，在世界的某

xiē dì fāng réng rán yǒu yī xiē mù
些地方，仍然有一些牧

rén yòng zài bàng zi shang kè hén de
人用在棒子上刻痕的

fāng fǎ lái jì suàn tā men de shēng
方法来计算他们的牲

chù shù
畜数。

谁创造了常用的数学符号

加号（+）、减号（-）是15世纪德国数学家魏德曼首创的。他在横线上加一竖，表示增加、合并的意思；在加号上去掉一竖表示减少、拿去的意思。

乘号（×）是17世纪英国数学家欧德莱最先使用的。因为乘法与加法有一定的联系，所以他把加号斜着写表示相乘。后来，德国数学家莱布尼茨认为“×”易与字母混淆，主张用

“·”代替“×”，至今“×”与“·”并用。

除号（÷）是17世纪瑞士数学家雷恩首先使用的。他用一道横线把两个圆点分开，表示分解的意思。后来莱布尼茨主张用“:”做除号，与当时流行的比号一致。现在有些国家的除号和比号都用“:”表示。

等号（=）是16世纪英国学者列科尔德创造的，他用两条平行而又等长的横线来表示两数相等。

中括号（[ ]）和大括号（{}）是16世纪英国数学家魏治德创造的。

大于号（>）和小于号（<）是17世纪的数学家哈里奥特创造的。

你知道小“九九”吗

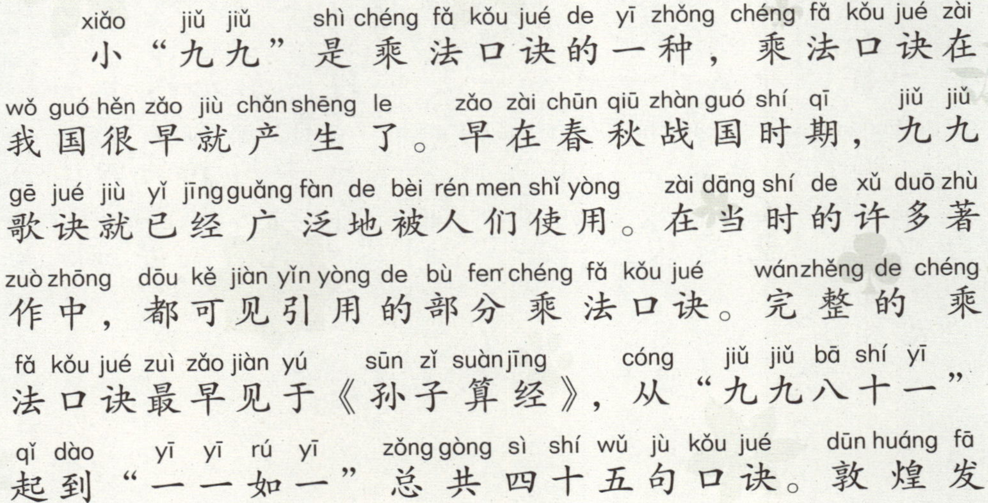

小“九九”是乘法口诀的一种，乘法口诀在我国很早就产生了。早在春秋战国时期，九九歌诀就已经广泛地被人们使用。在当时的许多著作中，都可见引用的部分乘法口诀。完整的乘法口诀最早见于《孙子算经》，从“九九八十一”起到“一一如一”总共四十五句口诀。敦煌发

九九乘法口诀表

一一得一								
一二得二	二二得四							
一三得三	二三得六	三三得九						
一四得四	二四得八	三四十二	四四十六					
一五得五	二五一十	三五十五	四五二十	五五二十五				
一六得六	二六十二	三六十八	三九二十七	五六三十	六六三十六			
一七得七	二七十四	三七二十一	四七二十八	五七三十五	六七四十二	七七四十九		
一八得八	二八十六	三八二十四	四八三十二	五八四十	六八四十八	七八五十六	八八六十四	
一九得九	二九十八	三九二十七	四九三十六	四九四十五	六九五十四	七九六十三	八九七十三	九九八十一

现的古“九九术残木简”上也是从“九九八十一”开始的。“九九”之名就是取口诀开头的两个字。大约在宋朝，九九歌诀的顺序才变成和现代用的一样，即从“一一如一”起到“九九八十一”止。元代朱世杰著《算学奇梦》一书所载的四十五句口诀，就是从“一一”到“九九”，并称为“九数法”。

为什么要建立进位制

在人类早期，人们为了统计猎物、果实等物体，逐渐发明了数，人的手指是最早的计数工具。随着生产力的不断发展，人们在实践中接触的数目越来越多，也越来越大，因而需要给所有自然数命名。但是自然数有无限多个，如果对每一个自然数都给一个独立的名称，不仅不方便，而且也不可能，因而产生了用不太多的数字符号来表示任意自然

	加法	减法	乘法	除法
法则	0+0=0 0+1=1 1+0=1 1+1=10	0−0=0 0−0=1借位1 1−0=1 1−1=0	0×0=0 0×1=0 1×0=0 1×1=1	0÷1=0 1÷1=1
范例	1010 +0011 1101	1101 − 11 1010	1010 × 11 1010 1010 11110	11)1111 101 101 101 0

shù de yāo qiú　yú shì　zài chǎn shēng jì shù fú hào de guò chéng zhōng　zhú
数的要求。于是，在产生计数符号的过程中，逐
jiàn xíng chéng le bù tóng de jìn wèi zhì dù　kě néng yóu yú rén men cháng yòng
渐形成了不同的进位制度。可能由于人们常用
shí gè shǒu zhǐ lái jì shù de yuán gù　duō shù mín zú dōu cǎi yòng le　mǎn shí
十个手指来计数的缘故，多数民族都采用了“满十
jìn yī　de shí jìn zhì
进一”的十进制。

àn zhào shí jìn zhì jì shù fǎ　wǒ guó shì zhè yàng gěi zì rán shù mìng
按照十进制计数法，我国是这样给自然数命
míng de　zì rán shù liè de qián　gè shù gè yǒu dān dú de míng chēng　jí
名的。自然数列的前9个数各有单独的名称，即：
yī　èr　sān　sì　wǔ　liù
一、二、三、四、五、六、
qī　bā　jiǔ　àn zhào　mǎn shí jìn
七、八、九；按照“满十进
yī　guī dìng jì shù dān wèi　gè
一”规定计数单位，10个
yī jiào zuò shí　gè shí jiào zuò bǎi
一叫作十，10个十叫作百，
gè bǎi jiào zuò qiān　gè qiān
10个百叫作千，10个千
jiào zuò wàn　gè wàn jiào zuò shí wàn
叫作万，10个万叫作十万
děng　zhè yàng　měi　gè jì shù dān wèi
等。这样，每4个计数单位
zǔ chéng yī jí　gè　shí　bǎi
组成一级，个、十、百、
qiān chēng wéi gè jí　wàn　shí wàn
千称为个级，万、十万、

十进制位置代表的值（因数）

位置（第几）	因数
0（个位）	10^0
1（十位）	10^1
2	10^2
3	10^3
4	10^4
5	10^5
6	10^6
7	10^7
8	10^8
9	10^9
10	10^{10}
11	10^{11}
12	10^{12}
13	10^{13}
14	10^{14}
15	10^{15}

百万、千万称为万级，亿、十亿、百亿、千亿称为亿级等。其他自然数的命名都由前9个数和计数单位组合而成，例如，一个数含有3个千，4个百，5个十，6个一，就称作三千四百五十六。并且规定，除个级外，每一级的级名只在这一级的末尾给出，例如，一个数含有3个百万，4个十万，2个万，就称作三百四十二万。

世界上许多国家的命数法不是四位一级，而是三位一级，10个千不给新的名称，就叫十千，到千千才给新的名称——密（译音），这样从低到高，依次是：个、十、百（是个级）；千、十千、百千（是千级）；密、十密、百密（是密级）等。

nǐ zhī dào èr jìn wèi zhì ma
你知道二进位制吗

féng èr jìn yī de jìn wèi zhì jiào zuò èr jìn zhì
逢二进一的进位制叫作二进制。

zài èr jìn zhì zhōng zhǐ xū yòng hé liǎng gè shù jiù néng biǎo shì suǒ
在二进制中，只需用0和1两个数就能表示所
yǒu de shù gēn jù féng èr jìn yī de guī lǜ yào yòng biǎo shì yào
有的数，根据逢二进一的规律，2要用10表示，3要
yòng biǎo shì yào yòng biǎo shì shū xiě èr jìn zhì shù zì wèi
用11表示，4要用100表示……书写二进制数字，为
le yǔ shí jìn zhì qū bié kāi lái yī bān zài shù de yòu xia jiǎo biāo shang xiǎo zì
了与十进制区别开来，一般在数的右下角标上小字
hào rú děng
号2，如10_2、11_2等。

mù qián de diàn zǐ jì suàn jī guǎng fàn shǐ yòng èr jìn zhì ér bù shì
目前的电子计算机广泛使用二进制，而不是
shí jìn zhì huò qí tā jìn zhì wèi shén me ne yīn wèi diàn zǐ jì suàn jī méi
十进制或其他进制，为什么呢？因为电子计算机没
yǒu shǒu méi yǒu shí gè zhǐ tou tā zhǐ yǒu liǎng zhǒng qíng kuàng yī zhǒng shì
有手，没有十个指头，它只有两种情况，一种是

十进位制	0	1	2	3	4	5	6	7	8	9	10	11	12	13	14	15
二进位制	0	1	10	11	100	101	110	111	1000	1001	1010	1011	1100	1101	1110	111
八进位制	0	1	2	3	4	5	6	7	10	11	12	13	14	15	16	17
十六进位制	0	1	2	3	4	5	6	7	8	9	A	B	C	D	E	F

tōng diàn lìng yī zhǒng shì duàn diàn suǒ yǐ zhǐ néng yòng èr jìn zhì yòng le
通电，另一种是断电，所以只能用二进制。用了
èr jìn zhì diàn zǐ jì suàn jī cái néng gòu gēn jù tōng diàn duàn diàn liǎng zhǒng
二进制，电子计算机才能够根据通电、断电两种
bù tóng qíng kuàng jìn xíng zì dòng jì suàn
不同情况，进行自动计算。

shí jìn zhì jì shù fǎ
十进制计数法

zài yuǎn gǔ shí dài, wǒ men de zǔ xiān zài shēng chǎn láo dòng zhōng cháng cháng xū yào jì shù, dāng shí shēng chǎn shuǐ píng dī, láo dòng shōu huò shǎo, jì shù shí yòng shí gè shǒu zhǐ jiù kě yǐ le. suí zhe shēng chǎn de fā zhǎn, láo dòng de shōu huò yuè lái yuè duō, qū zhǐ nán shǔ le, yú shì mǎn shí jiù zài dì shang fàng yī kuài xiǎo shí zǐ huò yī gēn xiǎo shù zhī, biǎo shì yī gè shí.

在远古时代，我们的祖先在生产劳动中常常需要计数，当时生产水平低，劳动收获少，计数时用十个手指就可以了。随着生产的发展，劳动的收获越来越多，屈指难数了，于是满十就在地上放一块小石子或一根小树枝，表示一个十。

shí jìn zhì jì shù fǎ shì wǒ men de zǔ xiān zài cháng qī de shēng chǎn láo dòng zhōng, jīng guò fǎn fù shí jiàn, bù duàn tàn

十进制计数法是我们的祖先在长期的生产劳动中，经过反复实践，不断探

suǒ chuàng zào chū lai de
索创造出来的。

yī tiān shàng yī jiù shì èr èr tiān shàng yī jiù shì sān sān tiān
一添上一就是二，二添上一就是三，三添
shàng yī jiù shì sì yī cì dé dào wǔ liù qī bā jiǔ shí gè
上一就是四，依次得到五、六、七、八、九。十个
yī shì shí shí shì xīn de jì shù dān wèi
一是十，十是新的计数单位。

yǐ hòu shí gè shí gè de shǔ shí gè shí shì yī bǎi yī bǎi yī bǎi de
以后十个十个地数，十个十是一百；一百一百地
shǔ shí gè yī bǎi shì yī qiān yī qiān yī qiān de shǔ shí gè yī qiān shì
数，十个一百是一千；一千一千地数，十个一千是
yī wàn
一万。

……

yī shí bǎi qiān wàn dōu shì jì shù dān wèi xiāng lín
一、十、百、千、万……都是计数单位，相邻
de liǎng gè jì shù dān wèi jiān de jìn lǜ shì shí zhè yàng de jì shù fǎ jiù
的两个计数单位间的进率是十，这样的计数法就
shì shí jìn zhì jì shù fǎ
是十进制计数法。

“代数学”一词是如何来的

我们经常见到在小学数学课本中用字母表示数及方程，这些内容在范畴上都属于代数学。那么“代数学”一词又来自何处呢？原来“代数学”一词来自拉丁文“Algebra”，而拉丁文又是从阿拉伯文演变而来的。

公元825年左右，阿拉伯数学家阿勒·花勒子模写了一本书，名为《代数学》或《方程的科学》。

zuò zhě rèn wéi tā zài zhè běn xiǎo xiǎo de zhù zuò li suǒ xuǎn de cái liào shì shù xué
作者认为他在这本小小的著作里所选的材料是数学
zhōng zuì róng yì shǐ yòng hé zuì yǒu yòng chu de tóng shí yě shì rén men zài chǔ
中最容易使用和最有用处的，同时也是人们在处
lǐ rì cháng shì qing shí jīng cháng xū yào yòng dào de zhè běn shū de ā lā
理日常事情时经常需要用到的。这本书的阿拉
bó wén bǎn yǐ jīng shī chuán dàn shì jì de yī cè lā dīng wén yì běn què
伯文版已经失传，但12世纪的一册拉丁文译本却
liú chuán zhì jīn zài zhè ge yì běn zhōng dài shù xué bèi yì chéng lā dīng
流传至今。在这个译本中，“代数学”被译成拉丁
yǔ bìng zuò wéi yī mén xué kē hòu lái yīng yǔ zhōng yě yòng
语“Algebra”，并作为一门学科。后来英语中也用
dài shù xué zhè ge míng chēng zài wǒ guó shì nián cái
“Algebra”。代数学这个名称，在我国是1859年才
bèi zhèng shì shǐ yòng de zhè yī nián wǒ guó qīng dài shù xué jiā lǐ shàn
被正式使用的。这一年，我国清代数学家李善
lán hé yīng guó rén wěi liè yà lì hé zuò fān yì le yīng guó shù xué jiā dì me
兰和英国人伟烈亚力合作翻译了英国数学家棣么
gān suǒ zhù de zhèng shì dìng míng wéi dài
甘所著的《*Element of Algebra*》，正式定名为《代
shù xué hòu lái qīng dài xué zhě huá héng fāng hé yīng guó rén fù lán yǎ
数学》。后来清代学者华蘅芳和英国人傅兰雅
hé yì le yīng guó xué zhě wǎ lì sī de dài shù shù juàn shǒu yǒu
合译了英国学者瓦利斯的《代数术》，卷首有：
dài shù zhī fǎ wú lùn hé shù jiē kě yǐ rèn hé jì hao dài zhī
“代数之法，无论何数，皆可以任何记号代之。”
shuō míng le suǒ wèi dài shù jiù shì yòng fú hào lái dài biǎo shù zì
说明了所谓代数，就是用符号来代表数字
de yī zhǒng fāng fǎ
的一种方法。

shù kě yǐ shuō chéng shù zì ma
数可以说成数字吗

tóng xué men nǐ jué de shì shù hái shi shù zì ne wèi shén me
同学们，你觉得“5”是数还是数字呢？为什么
shuō tā shì shù huò zhě shù zì ne tā men yī yàng ma yǒu méi yǒu shén me qū
说它是数或者数字呢？它们一样吗？有没有什么区
bié ne
别呢？

shǒu xiān wǒ men xiān lái kàn kan shù hé shù zì de gài niàn shù shì
首先，我们先来看看数和数字的概念。数是
gēn jù rén lèi shēng huó shí jì xū yào ér zhú jiàn xíng chéng hé fā zhǎn qǐ
根据人类生活实际需要而逐渐形成和发展起
lai de shù shì
来的。“数”是
biǎo shì shì wù de liàng de
表示事物的量的
jī běn shù xué gài niàn
基本数学概念，
ér shù zì shì yòng
而“数字”是用
lai biǎo shì jì shù de
来表示计数的
fú hào yòu jiào zuò shù
符号，又叫作数
mǎ tōng guò gài niàn
码。通过概念，

我们知道数和数字之间最大的不同，就是数表示的是量的概念，而数字只是用来计数的。例如符号675（自然数）、5/9（分数）、-3（负数）、1.78（小数）等，这些都是数，因为它们表示的是量。

“5”是数还是数字呢？其实，它既可以表示数，也可以表示数字，在这种情况下，数和数字是一样的。也就是说，当一个数只有个位数字时，这个数字既可以看成数字又可以看成数。但有时需要用两个或两个以上的数字表示一个数，例如783，它与数字就不同了，“783”是表示数，“7、8、3”才是数字。

shù xué kě yǐ shuō chéng suàn shù ma
数学可以说成算术吗

nǐ shì fǒu tīng guò yǒu rén bǎ shù xué chēng wéi suàn shù nà
你是否听过有人把“数学”称为“算术”？那
shù xué hé suàn shù shì yī huí shì ma tā men zhī jiān yǒu shén me
“数学”和“算术”是一回事吗？它们之间有什么
qū bié ne
区别呢？

shǒu xiān wǒ men xiān lái
首先，我们先来
kàn kan shén me shì suàn shù
看看什么是“算术”。
suàn shù bāo kuò zhěng shù xiǎo
算术包括整数、小
shù fēn shù de jiā jiǎn chéng
数、分数的加减乘
chú fǎ hé tā men zài rì cháng
除法和它们在日常
shēng huó shēng chǎn zhōng
生活、生产中
de yìng yòng suàn shù li bù jiǎng
的应用。算术里不讲
fù shù yě bù jiǎng yòng zì
负数，也不讲用字
mǔ zǔ chéng de dài shù shì de
母组成的代数式的

yùn suàn rú guǒ jiǎng dào fù shù fāng chéng nà jiù shì dài shù de nèi róng
运算。如果讲到负数、方程，那就是代数的内容
le rú guǒ jiǎng dào yǒu guān tú xíng de xǔ duō xìng zhì zé shì jǐ hé de
了；如果讲到有关图形的许多性质，则是几何的
nèi róng le suàn shù dài shù jǐ hé dōu shì shù xué de fēn zhī xué kē
内容了。算术、代数、几何都是数学的分支学科。
kě jiàn suàn shù zhǐ shì shù xué de yī bù fen gēn shù xué bù shì yī huí
可见，算术只是数学的一部分，跟数学不是一回
shì bù kě xiāng tí bìng lùn lìng wài shù xué hái yǒu hěn duō fēn zhī xué
事，不可相提并论。另外，数学还有很多分支学
kē rú wēi jī fēn shù lùn jí hé lùn gài lǜ lùn děng
科，如微积分、数论、集合论、概率论等。

wǒ men xiàn zài suǒ xué de xiǎo xué shù xué kè běn zhōng chú le suàn shù
我们现在所学的小学数学课本中除了算术
wài hái yǒu dài shù jǐ hé děng fāng miàn de chū bù zhī shí suǒ yǐ xiǎo xué
外，还有代数、几何等方面的初步知识，所以小学
kè běn bù jiào suàn shù ér jiào shù xué
课本不叫算术，而叫数学。

“1+1”可以等于“1”吗

我们刚接触数学时，就已经知道了1+1=2，那时，如果你的答案不是2，那么你就是错误的。但是，当我们学了二进位制的计数法后，就知道了1+1并不仅仅等于2。在二进位制中，1+1=10，因为在二进位制中根本没有2这个数字。那么1+1能不能等于1呢？这就需要我们借助逻辑代数了。

在逻辑代数里，与二进位制一样，只有两个符号：1和0。二进位制里的“1”是真正的数字，“0”则表示没有，它也是真正的数字。但在逻辑代数里，“1”和“0”并不是数字而是符号。在一般的逻辑电路中，“1”表示电路是通的，“0”表示电路是断的。

例如：在一个电路中，E是电源，P是一只小灯

1+1=2

泡，电路里通了电，小灯泡P就发光，这时的符号是1；电路里断了电，小灯泡P就不发光，这时的符号是0。A和B是两个开关，接上了就通电，拉开了就断电。现在如果开关A拉上，开关B拉开。那么，电路通过开关A接通了，灯泡P亮了，得1。

如果开关A拉开，开关B拉上。那么，电路通过开关B就接通了，灯泡P亮了，也得1。

现在如果把开关A和开关B都拉上，两条电路都接通了，那就应该是1+1了。但灯泡P只能发同样的亮光，因此也还是1。所以，用数学式子来表示，就是1+1=1。

因此，在逻辑代数里，1+1=1。

“0”只表示没有吗

我们在上学之后，刚开始学习算术，便认识了“0”这一数字，它是我们所学过的最小的自然数了。那你知道0有什么含义吗？如果我们用手指数铅笔的数目，1表示有一支铅笔，0则表示没有铅笔，也就是说，0的意思是没有。

是不是0只表示没有呢？它还有其他的意义吗？

比如：0℃中的0表示什么含义呢？它表示冰和水混合在一起的那个温度，自0℃以上为零上，零上17～22℃即为最适于人类生活的温度；自0℃向下则称为零下，零下温度，绝对值越大，则越

寒冷。

0本身充满着矛盾。任意一个数与0相加，还是那个数；但0与任何一个数相乘，乘积都是0。0在数学上是一个十分重要的数字，0至1的飞跃便体现了自无到有的过程。而生活中的0表示一种状态，它的含义并不是算数内的“没有”所能涵盖的，它还为“有”奠定了基础。

约数和倍数是“双胞胎”吗

a、b 是任意两个整数，其中 $b \neq 0$。如果 a 能被 b 整除，那么 a 叫作 b 的倍数，b 叫作 a 的约数；如果 a 不能被 b 整除，那么，a 不是 b 的倍数，或者说 b 不是 a 的约数。例如 $8 \div 4 = 2$，8 是 4 的倍数，4 是 8 的约数。

$8 \div 2 = 4$

8是4的倍数

4是8的约数

倍数 约数

约数和倍数表明的是两个数之间的关系，所以是互相依存的“双胞胎”。12÷3=4，只能说，12是3的倍数，3是12的约数，而不能说12是倍数，因为12是3的倍数，12却不是5的倍数。也不能说3是约数，因为3是12的约数，3却不是10的约数。

“0”是偶数还是奇数，它有没有约数和倍数

我们都知道，能被2整除的数是偶数，不能被2整除的数是奇数。因为0能被2整除，所以0是偶数，不是奇数。同时，在自然数范围内，0可以被任何自然数整除，所以0是任何自然数的倍数，任何自然数都是0的约数。因为0不能做除数，所以0没有倍数。

“1”为什么既不是质数也不是合数

一个自然数，除了1和它本身以外，还能被其他数整除的话，它就是合数。如8，除了被1和8整除外，还能被2和4整除；21除了能被1和21整除外，还能被3和7整除。所以说，8和21都是合数，自然数1不属于这种情况，所以它不是合数。

那么1是不是质数呢？首先，我们先看质数的定义：一个大于1的自然数，除了1和它本身外，再不能被其他数整除，这样的数叫作质数，“1”只能被1和它本身整除，所以“1”应该是质数。

但事实上并非如此。

我们学习质数就是为了在分解质因数时，先用一个能整除这个合数的最小质数去除，假如所得的商还是合数，再用一个能整除这个商的最小质数去除，直到得出的商是质数为止。然后，把各个除数及最后的商写成连乘的形式。如：把210分解质因数。210先用最小的质数2去除，再用比2大的质数3去除，接着再用一个能整除35的最小质数5去除，商为7，是个质数。到此，分解完毕，将各个除数及最后的商写成质因数连乘的形式：210=2×3×5×7。试想一下，如果“1”是质数，在分解一个合数为质因数连乘的时候，用一个能整除这个合数的最小质数去除，那么这个最小的质数应该是1。任何数被1整除还得原来的数，所以所得的商一定还是原来那个合数，再用一个能整除这个商的最小质数去除，那么这个最

xiǎo de zhì shù réng rán hái shi suǒ dé de shāng réng rán hái shi yuán lái de
小的质数仍然还是1，所得的商仍然还是原来的

shù rú cǐ wǎng fù xún huán hé shù yòu zěn me néng fēn jiě wéi zhì yīn shù
数……如此往复循环，合数又怎么能分解为质因数

lián chéng de xíng shì ne zhè ge hé
连乘的形式呢？210=1×1×1×1×……210这个合

shù jiù chéng le nán fēn nán jiě de shù le
数就成了难分难解的数了。

nà rú guǒ xiān yòng qí tā zhì shù qù chú zuì hòu zài yòng zhì shù
那如果先用其他质数去除，最后再用质数1

qù chú gāi yòng duō shǎo gè hé shì ne bǎ fēn jiě chéng zhì
去除，该用多少个1合适呢？把210分解成质

yīn shù lián chéng de xíng shì jiù huì chū xiàn xià mian de jié guǒ
因数连乘的形式，就会出现下面的结果：

210=2×3×5×7×1

210=2×3×5×7×1×1

210=2×3×5×7×1×1×1 ……

zhè jiù shì shuō zài fēn jiě zhì yīn shù lián chéng de shì zi li kě yǐ
这就是说，在分解质因数连乘的式子里，可以

suí yì xiě yīn shù yīn wéi yǔ rèn hé shù xiāng chéng hái de yuán lái de
随意写因数1。因为1与任何数相乘还得原来的

shù tā xiě duō xiě shǎo xiě huò bù xiě bù jǐn háo wú yì yì huán gěi
数，它写多写少、写或不写，不仅毫无意义，还给

fēn jiě zhì yīn shù tiān luàn
分解质因数添乱。

shuō dào zhè nǐ hái jué de shì zhì shù ma
说到这，你还觉得“1”是质数吗？

nǐ zhī dào zhěng chú hé chú jìn de qū bié ma
你知道整除和除尽的区别吗

zhěng chú hé chú jìn dōu shì duì méi yǒu yú shù de chú fǎ lái shuō
整除和除尽都是对没有余数的除法来说
de yóu yú bèi chú shù chú shù hé shāng suǒ shǔ de fàn wéi bù tóng
的，由于被除数、除数和商所属的范围不同，
tā men de hán yì yě jiù bù yī yàng xiàn zài wǒ men xiān lái kàn yī zǔ
它们的含义也就不一样。现在我们先来看一组
lì zi kàn kan tā men dào dǐ yǒu shén me gòng tóng diǎn hé bù
例子，看看它们到底有什么共同点和不
tóng diǎn
同点。

72÷9=8　　124÷124=1

17÷5=3.4　　8÷0.2=40

9÷0.3＝30　　3.5÷0.5＝7

cóng shàng mian de lì zi zhōng wǒ men kě yǐ kān chū chú le yǒu yú shù
从上面的例子中我们可以看出，除了有余数
de chú fǎ wài qí yú dōu shì chú dào mǒu yī wèi shí yú shù shì suǒ yǐ
的除法外，其余都是除到某一位时余数是0，所以
chēng bèi chú shù néng bèi chú shù chú jìn zài yú xià de wǔ gè shì zi zhōng
称被除数能被除数除尽。在余下的五个式子中，
yǒu liǎng gè shì zi bèi chú shù chú shù shāng dōu shì zhěng shù ér méi yǒu yú
有两个式子被除数、除数、商都是整数而没有余

数，其余的被除数、除数、商不都是整数。所以，这两个式子称被除数能被除数整除。

72÷9=8
124÷124=1
→ **整除**（被除数、除数、商都是整数而没有余数）

17÷5=3.4
8÷0.2=40
9÷0.3 = 30
3.5÷0.5=7
→ **除尽**（被除数、除数、商不都是整数）

从中我们可以得出，整除必须具备两个条件：一是被除数、除数都是自然数，二是商是整数而没有余数。也就是说，能整除的必定能除尽，但能除尽的却不一定能整除。整除是除尽的一种特殊情况。

wèi shén me yào xiān chéng chú hòu jiā jiǎn
为什么要“先乘除，后加减”

wèi le fáng zhǐ sì zé hùn hé yùn suàn shí fā shēng jì suàn hùn luàn què bǎo jì suàn dé dào yī gè yǐ jīng què dìng de jié guǒ rén men xiān hòu jié hé shēng huó hé shí jì shēng chǎn de gè gè xū yào zài sì zé hùn hé yùn suàn zhōng míng què guī dìng yào xiān chéng chú hòu jiā jiǎn wèi shén me kē xué jiā huì rú cǐ guī dìng ne tā de lǐ yóu rú xià

为了防止四则混合运算时发生计算混乱，确保计算得到一个已经确定的结果，人们先后结合生活和实际生产的各个需要，在四则混合运算中明确规定要“先乘除，后加减”。为什么科学家会如此规定呢？它的理由如下。

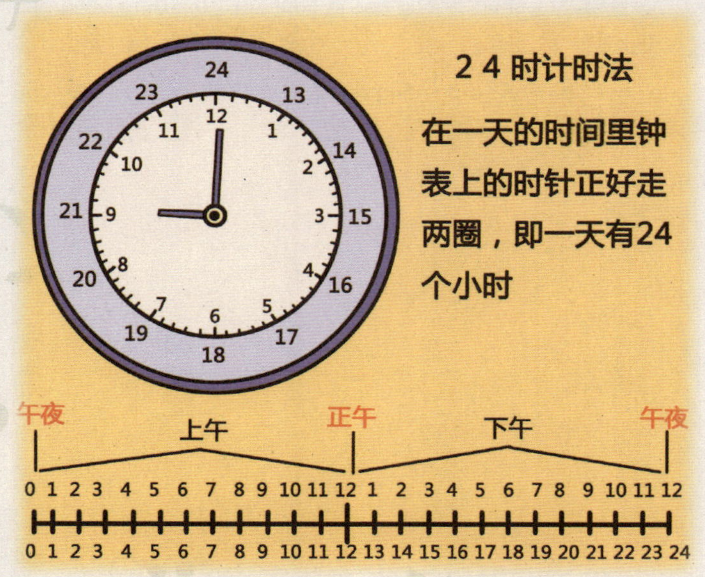

zhè yàng guī dìng yùn suàn shùn xù gèng jiā fú hé shēng huó shí jì xū yào qǐng kàn xià mian de lì zi zhāng hóng dào

1. 这样规定运算顺序，更加符合生活实际需要。请看下面的例子：张红到

布店买了 5 米红布，每米红布 12.3 元，又买了 3 米白布，每米白布 17.5 元，买这些布一共需要用多少元钱？列式为：$12.3\times5+17.5\times3$。按照实际买布情况，先算出买红布和白布各要付多少钱，然后算出一共要付多少钱。即应先算乘法，再算加法。

2. 在含有字母的式子中，我们会发现用乘、除号相互联结的算式，例如：$a\times3$、$b\div5$ 等可以被表示为 $3a$、$\frac{1}{5}b$，这些都可看作一项，而用加减号连接的式子，例如 $x-5$、$y+3$ 等则分别表示两项。通常在计算时，我们会把一项看成一个数，这样可使计算变得简单。

3. 从数学的发展形式上看，加减法是最基本的运算，它们是数量变化的最低级的表现形式，先有加减法，而乘除法则是在加、减运用的

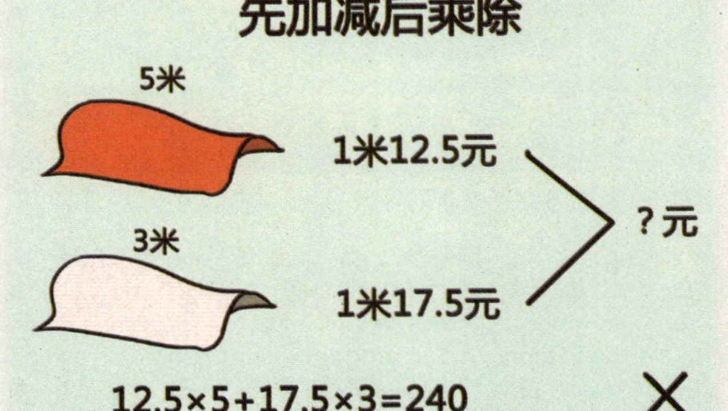

基础上产生和发展起来的。相同的数字连加产生乘法，相同的数字连减产生除法。由此可见，乘除法比加减法更高级，在计算效率上比加减法更快。所以我们把加减法看作第一级运算，把乘除法看作是第二级运算就是这个意思。这种类似的例子在实际运用中不胜枚举。

综上所述，运算顺序是人们在生产和生活实际基础上为了使计算更为简单化而规定的，所以这种规定是完全合理的。

shén me shì luó sù bèi lùn
什么是“罗素悖论”

nǐ tīng guò zhè yàng yī gè gù shi ma yī tiān sà wēi ěr cūn de lǐ
你听过这样一个故事吗？一天，萨威尔村的理
fà shī guà chū le yī kuài zhāo pai cūn li suǒ yǒu bù zì jǐ lǐ fà de nán
发师挂出了一块招牌：村里所有不自己理发的男
rén dōu yóu wǒ gěi tā men lǐ fà wǒ yě zhǐ gěi zhè xiē rén lǐ fà yú shì
人都由我给他们理发，我也只给这些人理发。于是
yǒu rén wèn tā nín de tóu fa yóu shuí lǐ ne lǐ fà shī dùn shí yǎ
有人问他：“您的头发由谁理呢？”理发师顿时哑
kǒu wú yán
口无言。

wǒ men zhī
我们知
dào rú guǒ tā gěi
道如果他给
zì jǐ lǐ fà nà
自己理发，那
me tā jiù shǔ yú zì
么他就属于自
jǐ gěi zì jǐ lǐ fà
己给自己理发
de nà lèi rén dàn
的那类人。但
shì zhāo pai shang
是，招牌上

shuō míng tā bù gěi zhè lèi rén lǐ fà yīn cǐ tā bù néng gěi zì jǐ lǐ fà
说明他不给这类人理发，因此他不能给自己理发。
rú guǒ yóu lìng yī gè rén gěi tā lǐ fà tā jiù shǔ yú bù gěi zì jǐ lǐ fà de
如果由另一个人给他理发，他就属于不给自己理发的
rén ér zhāo pai shang míng míng shuō tā yào gěi suǒ yǒu bù zì jǐ lǐ fà de nán
人，而招牌上明明说他要给所有不自己理发的男
rén lǐ fà yīn cǐ tā yīng gāi zì jǐ lǐ yóu cǐ kě jiàn bù guǎn rú hé
人理发，因此，他应该自己理。由此可见，不管如何
tuī lùn lǐ fà shī suǒ shuō de huà zǒng shì zì xiāng máo dùn de
推论，理发师所说的话总是自相矛盾的。

zhè jiù shì zhù míng de luó sù bèi lùn tā shì yóu yīng guó zhé xué
这就是著名的“罗素悖论”。它是由英国哲学
jiā luó sù tí chū lái de luó sù bǎ guān yú jí hé lùn de yī gè zhù míng bèi
家罗素提出来的，罗素把关于集合论的一个著名悖
lùn yòng gù shi tōng sú de biǎo dá chū lái
论用故事通俗地表达出来。

nián dé guó shù xué jiā kāng tuō ěr chuàng lì le jí hé lùn
1874年，德国数学家康托尔创立了集合论，
bìng hěn kuài shèn tòu dào dà bù fen shù xué fēn zhī xué kē chéng wéi tā men de
并很快渗透到大部分数学分支学科，成为它们的
jī chǔ dào shì jì mò quán bù shù xué jī hū dōu jiàn lì zài jí hé zhī
基础。到19世纪末，全部数学几乎都建立在集合之
shàng le jiù zài zhè shí jí hé lùn zhōng jiē lián chū xiàn le yī xiē zì xiāng
上了。就在这时，集合论中接连出现了一些自相
máo dùn de jié guǒ tè bié shì nián luó sù tí chū de lǐ fà shī gù shi
矛盾的结果，特别是1902年罗素提出的理发师故事
fǎn yìng de bèi lùn tā jí wéi jiǎn dān míng què tōng sú yú shì shù
反映的悖论，它极为简单、明确、通俗。于是，数
xué de jī chǔ bèi dòng yáo le zhè jiù shì suǒ wèi de dì sān cì shù xué wēi
学的基础被动摇了，这就是所谓的第三次“数学危

jī cǐ hòu wèi le kè fú zhè xiē bèi lùn shù xué jiā men jìn xíng le dà
机”。此后，为了克服这些悖论，数学家们进行了大
liàng de yán jiū gōng zuò yóu cǐ chǎn shēng le dà liàng xīn chéng guǒ yě dài
量的研究工作，由此产生了大量新成果，也带
lái le shù xué jiè guān niàn de gé mìng cù jìn le shù xué xué kē de jiàn kāng
来了数学界观念的革命，促进了数学学科的健康
fā zhǎn
发展。

nǐ zhī dào fù shù
你知道“负数”
zuì zǎo chǎn shēng yú nǎ li ma
最早产生于哪里吗

zài jì zhàng de shí hou yào bǎ shōu rù yǔ zhī chū qū bié kāi lái qū
在记账的时候，要把收入与支出区别开来，区
fēn de bàn fǎ hěn duō rú
分的办法很多，如：

dì yī shōu rù xiě zài yī gé zhī chū xiě zài lìng yī gé
第一，收入写在一格，支出写在另一格。

dì èr xiě qīng chu jù tǐ shù zì rú shōu rù yuán zhī
第二，写清楚具体数字，如“收入100元”，“支
chū yuán
出50元”。

dì sān yòng yán sè lái qū bié rú hēi zì biǎo shì shōu rù hóng zì
第三，用颜色来区别，如黑字表示收入，红字
biǎo shì zhī chū
表示支出。

dì sì zài zhī chū
第四，在支出
de qián shù qián mian xiě yī gè
的钱数前面写一个
hào biǎo shì cóng cún
“–”号，表示从存
kuǎn zhōng jiǎn qù zhè yī bǐ
款中减去这一笔。

zhè xiē bàn fǎ dōu bèi kuài jì shī cǎi yòng guò dàn zuì jiǎn dān
这些办法都被会计师采用过，但最简单
kuài jié de hái yào shǔ zuì hòu zhè ge bàn fǎ
快捷的还要数最后这个办法。

dāng rén men zuì chū xiǎng dào zhè zhǒng jiǎn dān de jì zhàng fāng fǎ
当人们最初想到这种简单的记账方法
shí tā men shí jì shang yǐ jīng chuàng zào le yī zhǒng xīn de shù
时，他们实际上已经创造了一种新的数——
fù shù zuì zǎo shǐ yòng fù shù de guó jiā shì zhōng guó gōng yuán shì jì
负数。最早使用负数的国家是中国，公元1世纪
yǐ jīng chéng shū de jiǔ zhāng suàn shù li xì tǒng de jiǎng shù le
已经成书的《九章算术》里，系统地讲述了
fù shù de gài niàn hé yùn suàn fǎ zé nà shí yòng hóng zì biǎo shì zhèng
负数的概念和运算法则。那时用红字表示正
shù yòng lǜ zì biǎo shì fù shù yìn dù rén cóng shì jì kāi shǐ yòng fù
数，用绿字表示负数。印度人从7世纪开始用负
shù biǎo shì zhài wù zài ōu zhōu zhí dào shì jì hái yǒu hěn duō shù
数表示债务。在欧洲，直到17世纪，还有很多数
xué jiā bù chéng rèn fù shù shì shù ne
学家不承认负数是数呢！

wǒ men yě cháng cháng pèng dào yì yì xiāng fǎn de liàng qián jìn duō
我们也常常碰到意义相反的量：前进多
shǎo lǐ yǔ hòu tuì duō shǎo lǐ wēn dù shì líng shàng duō shǎo dù yǔ líng
少里与后退多少里，温度是零上多少度与零
xià duō shǎo dù jié suàn zhàng mù shí yíng yú duō shǎo yuán yǔ kuī sǔn
下多少度，结算账目时盈余多少元与亏损
duō shǎo yuán gōng yuán qián duō shǎo nián yǔ gōng yuán hòu duō shǎo nián
多少元，公元前多少年与公元后多少年……
yǒu le fù shù qū bié yì yì xiāng fǎn de liàng jiù fāng biàn duō le
有了负数，区别意义相反的量就方便多了。

zài shù xué li yǒu le fù shù shù zhī jiān de jiǎn fǎ biàn tōng xíng
在数学里，有了负数，数之间的减法便通行
wú zǔ
无阻。

wèi shén me yī gè shù chéng yǐ zhēn fēn shù jī bù shì dà le ér shì xiǎo le
为什么一个数乘以真分数，积不是大了而是小了

chéng fǎ shì qiú jǐ gè xiāng tóng jiā shù hé de jiǎn biàn suàn fǎ yī bān lái shuō yuè chéng yuè dà jī yào dà yú bèi chéng shù dàn yǒu shí yě huì chū xiàn yuè chéng yuè xiǎo de xiàn xiàng yě jiù shì jī xiǎo yú bèi chéng shù de qíng kuàng lì rú měi qiān kè máo xiàn yuán qiān kè duō shǎo qián qiān kè duō shǎo qián qiān kè duō shǎo qián

乘法是求几个相同加数和的简便算法，一般来说，越乘越大，积要大于被乘数。但有时也会出现越乘越小的现象，也就是积小于被乘数的情况。例如：每千克毛线28元，2千克多少钱？2.5千克多少钱？0.5千克多少钱？

gēn jù tí yì kě zhī

根据题意可知：

28×2=56（yuán 元）；

28×2.5=70（yuán 元）；

28×0.5=14（yuán 元）。

cóng shàng mian kě yǐ kàn chū chéng shù dà yú jī dà yú bèi chéng shù chéng shù xiǎo yú jī xiǎo yú bèi chéng shù yīn wèi fēn shù

从上面可以看出，乘数大于1，积大于被乘数；乘数小于1，积小于被乘数。因为分数

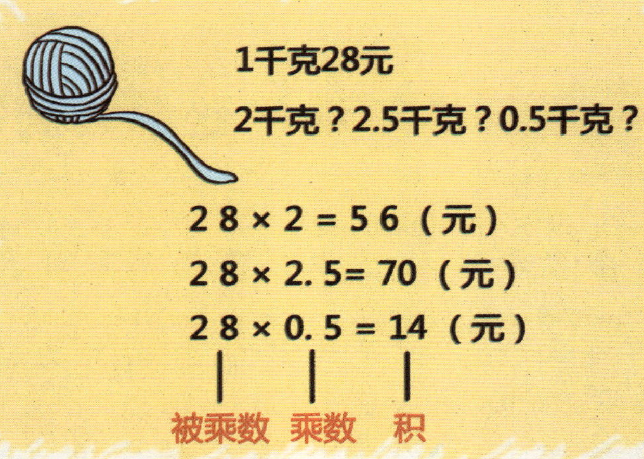

chéng fǎ de yì
乘法的意
yì shì qiú yī gè
义是求一个
shù de jǐ fēn zhī
数的几分之
jǐ jiù shì qiú
几，就是求
zhěng tǐ de yī
整体的一
bù fen ér bù
部分，而部
fen shù bù huì dà yú zǒng shù suǒ yǐ jī yī dìng xiǎo yú bèi chéng shù
分数不会大于总数，所以积一定小于被乘数。
yě jiù shì shuō dāng yī gè shù chéng yǐ zhēn fēn shù shí huì yuè
也就是说，当一个数乘以真分数时，会越
chéng yuè xiǎo
乘越小。

nǐ zhī dào shù xué hēi dòng ma
你知道“数学黑洞”吗

zài gǔ xī là shén huà zhōng xī xī fú sī bèi fá jiāng yī kuài jù shí tuī dào yī zuò shān shang dàn shì wú lùn tā zěn me nǔ lì zhè kuài jù shí zǒng shì zài dào dá shān dǐng zhī qián bù kě bì miǎn de gǔn luò xià lai yú shì tā zhǐ hǎo chóng xīn zài tuī yǒng wú xiū zhǐ zhù míng de xī xī fú sī chuàn jiù shì gēn jù zhè ge gù shi ér dé míng de

在古希腊神话中，西西弗斯被罚将一块巨石推到一座山上，但是无论他怎么努力，这块巨石总是在到达山顶之前不可避免地滚落下来，于是他只好重新再推，永无休止。著名的“西西弗斯串”就是根据这个故事而得名的。

shén me shì xī xī fú sī chuàn ne jiù shì rèn qǔ yī gè zì rán shù lì rú shǔ chū zhè ge shù zhōng de ǒu shù gè shù jī shù gè shù jí suǒ yǒu shù zì de gè shù jiù kě dé

什么是西西弗斯串呢？就是任取一个自然数，例如35 962，数出这个数中的偶数个数、奇数个数及所有数字的个数，就可得

到2(两个偶数)、3(三个奇数)、5(总共五位数),依次记录这三个数便组成了下一个数字串235。对235重复上述程序,就会得到123,将数字串123再重复进行,仍得123。对于这个程序和数的“宇宙”,123就是一个数字黑洞。

是否每一个数最后都能得到123呢?我们不妨用一个大数试试看,例如:8 888 887 777 444 992 222,在这个数中,偶数、奇数、全部数字个数分别为13、6、19,将这三个数合起来得到13 619,对这个数字串重复上述程序得到145,再重复上述程序得到123,于是便进入“黑洞”了。

这就是数学黑洞“西西弗斯串”。

单位面积与面积单位一样吗

我们在测量物体的表面积时，经常说它有多大的单位面积，而它的面积单位是平方米、平方厘米等。你知道什么是单位面积？什么是面积单位吗？

首先，单位面积与面积单位是两个不同的概念。常用的面积单位有平方米、平方厘米等。单位面积则不同，任意大小的面积都可以作为单位面积。例

单位面积：1×1=1（平方厘米）

面积单位：平方厘米、平方米、平方千米等

rú cè liáng jiào shì de miàn jī chú le yòng píng fāng mǐ zuò wéi dān wèi zhī
如，测量教室的面积，除了用平方米作为单位之
wài wǒ men yě kě yǐ yòng liàn xí bù de dà xiǎo zuò wéi dān wèi miàn jī
外，我们也可以用练习簿的大小作为单位面积，
huò zhě yǐ jiǎng tái miàn jī de dà xiǎo zuò wéi dān wèi miàn jī lái dù liàng
或者以讲台面积的大小作为单位面积来度量。
píng cháng wǒ men suǒ shuō de dān wèi miàn jī dà duō shì zhǐ gè miàn jī
平常我们所说的单位面积大多是指1个面积
dān wèi jí píng fāng lí mǐ píng fāng mǐ děng
单位，即1平方厘米、1平方米等。

小数点能随便移动吗

我们知道，小数点移动了，小数的大小就会发生变化，所以小数点不能随便移动。

德国弗赖堡大学化学专家劳而赫在研究化肥对蔬菜的有害作用时，无意中发现菠菜含铁量只有教科书和手册里所记载数据的1/10。这位科学家感到很奇怪，因为多年来营养学家和医生都认为

① 4米
② 0. 4米
③ 0. 04米
④ 0. 004米

小数点向左移动一位，原数缩小10倍。

小数点向左移动二位，原数缩小100倍。

小数点向左移动三位，原数缩小1000倍。

bō cài zhōng hán yǒu dà liàng de tiě yǒu yǎng xuè bǔ xuè de gōng néng tā wèi
菠菜中含有大量的铁，有养血补血的功能。他为
le jiě kāi zhè ge mí duì duō zhǒng bō cài yè zi fǎn fù jìn xíng huà yàn
了解开这个谜，对多种菠菜叶子反复进行化验，
bìng wèi fā xiàn bō cài de hán tiě liàng bǐ bié de shū cài gāo hěn duō yú shì
并未发现菠菜的含铁量比别的蔬菜高很多，于是
tā kāi shǐ tàn suǒ zhè ge cuò wù shù jù de lái lì zuì hòu fā xiàn yuán lái
他开始探索这个错误数据的来历。最后发现，原来
shì yìn shuā chǎng gōng rén pái bǎn shí bù xiǎo xin bǎ xiǎo shù diǎn xiàng yòu yí
是印刷厂工人排版时，不小心把小数点向右移
dòng le yī wèi bǎ shù kuò dà le bèi yóu yú yìn shuā chǎng gōng
动了一位，把数扩大了10倍。由于印刷厂工
rén de shū hu rén lèi bèi mēng piàn le jìn yī bǎi nián cóng zhè li wǒ
人的疏忽，人类被蒙骗了近一百年！从这里我
men kě yǐ kàn chū xiǎo shù diǎn suī xiǎo zuò yòng kě bù xiǎo bù néng hū
们可以看出，小数点虽小，作用可不小，不能忽
shì yě bù néng suí biàn yí dòng
视，也不能随便移动。

你知道长度单位“米”是怎么确定的吗

我们每天都在用“米”作为测量长度的单位，那你知道长度单位“米”是怎么确定的吗？早在1790年，法国国民议会决定，采用巴黎子午线长度的四千万分之一作为长度的基本单位。直到1799年，人们根据测量结果制成一根3.5毫米×25毫米短形截面的铂杆，以此杆两端之间的距离定为1米，并交法

国档案局保管。

可是，这样的器具有很多缺点：材料会变形；精确度不高；一旦毁坏，不易复制。为了弥补米原器的缺点，20世纪以来，各国计量工作者都致力于研究应用自然光波来代替米原器。1960年，国际计量大会通过“米”的新定义，决定以规定条件下元素氪的同位素（^{86}Kr）原子在真空中辐射的光波长度，作为世界统一的公制长度单位。

1983年10月，在法国巴黎举行的第十七届国际计量大会上，又正式通过了“米”的新定义：“米为光在真空中，在1/299 792 458秒的时间间隔内运行距离的长度。”

你了解解数学题的思路吗

解数学题的基本思路是分析法和综合法。分析法就是从要求的问题出发，逐步追溯到解答所需的已知条件，这就是执果索因的解题方法；从已知条件入手逐步推算到最后要解答的问题，这就是由因导果的解题方法。例如：商店原有糖果80千克，又运进糖果3箱，每箱60千克。现有糖果多少千克？

分析法的解题思路为：

1. 现有糖

果多少千克？2. 原有糖果80千克，又运进糖果多少千克？3. 又运进糖果3箱，每箱60千克。

综合法的解题思路为：又运进糖果3箱，每箱60千克，又运进糖果多少千克？60×3=180（千克）；原有糖果80千克，现有糖果多少千克？180+80=260（千克）。

但在实际运用中，分析法和综合法是相辅相成的。在用综合法思考问题时，要随时注意题中的问题，考虑为解决所提的问题需要哪些已知数量，因此，综合中有分析。同时，在用分析法思考问题时，要注意题中的已知条件，考虑哪些已知数量搭配在一起可以解决问题，因此，分析中有综合。也就是说，在现实生活中，我们思考问题是既有分析又有综合的思维活动。

怎样区别一道题是数学文字题还是应用题

在小学阶段，我们既要掌握数学文字题又要掌握应用题。那么你知道它们之间有什么区别吗？本来它们之间没有严格的界限，也没有准确的定义，但它们对计算有不同的要求。如：应用题允许分步列式解答，算完后要写答话，而文字题则要列综合算式，算完后不写答话等。所以要加以区分。

文字题： 运用综合算式解答，350减去30乘以3的积，差是多少？

350—30×3
=350—90
=240

应用题： 学校有7只白兔，9只黑兔，一共有多少只兔子？

7+9=16（只）
答：一共有16只兔子。

一般来说，可以从两个方面来加以区分。

1. 从具体内

容区分。应用题所描述的问题大都与日常生活和生产中的实际问题有关；而文字题则是纯数学问题，已知数量只是一些抽象的数字和字母。

2.从数量关系上区分。在文字题中，由于使用了较多的数学术语，问题所反映的数量关系比较明显，求未知数量所需要的运算以及这些运算的顺序都是题目直接给出的；而在应用题中，解答问题所需要的运算以及这些运算的顺序则没有直接给出，数量关系往往隐含在对具体事实的描述之中。

怎样解数学文字题

数学文字题就是用文字表达数与数之间关系的题目，它是由数学名词术语、数字与问题三部分组成的题目。例如：874加上20乘以6的积，和是多少？”

解这类题的一般思路有两种：

1. 顺推法：就是顺着题目的叙述顺序思考列式。如：

32与15的积减去13与21的和，差是多少？我们可以

顺推法：就是顺着题目的叙述顺序思考列式。

倒推法：就是从问题出发，先确定最后一步运算，再确定参加这一步运算的数是怎样得来的，这样依次推上去。

这样想："32与15的积"就是"32×15"，"13与21的和"就是"13+21"，"差是多少"，也就是说：32×15－(13+21)。

2.倒推法：就是从问题出发，先确定最后一步运算，再确定参加这一步运算的数是怎样得来的，这样依次推上去。当需要改变运算顺序时一定要加上括号，如上面那个例子，我们可以这样想：最后一步是求差，那么被减数与减数是什么呢？被减数是32与15的积，减数是13与21的和，于是有(32×15)－(13+21)。

nǐ zhī dào shù xué ào lín pǐ kè ma
你知道“数学奥林匹克”吗

wǒ men zhī dào tǐ yù shang yǒu ào yùn huì shù xué jìng sài yǔ tǐ yù bǐ
我们知道体育上有奥运会，数学竞赛与体育比
sài zài jīng shén shang yǒu xǔ duō xiāng sì zhī chù yīn cǐ guó jì shang bǎ
赛在精神上有许多相似之处，因此，国际上把
shù xué jìng sài jiào zuò shù xué ào lín pǐ kè zuì zǎo de shù xué jìng sài shì xiōng
数学竞赛叫作数学奥林匹克。最早的数学竞赛是匈
yá lì yú nián jǔ bàn de cóng cǐ yǐ hòu xǔ duō guó jiā zhēng xiāng
牙利于1894年举办的，从此以后，许多国家争相
fǎng xiào jǔ bàn quán guó xìng de
仿效举办全国性的
shù xué jìng sài nián
数学竞赛。1902年，
luó mǎ ní yà shǒu cì jǔ bàn shù
罗马尼亚首次举办数
xué jìng sài nián qián
学竞赛；1934年，前
sū lián shǒu cì jǔ bàn shù xué
苏联首次举办“数学
ào lín pǐ kè zhī hòu bǎo
奥林匹克”。之后，保
jiā lì yà yú nián bō
加利亚于1949年，波
lán yú nián jié kè sī
兰于1950年，捷克斯

洛伐克于1951年，南斯拉夫、荷兰于1962年，蒙古人民共和国于1963年，英国于1965年，加拿大、希腊于1969年……也都举办了数学竞赛。

1956年，著名数学家华罗庚教授等倡导的高中数学竞赛先后在北京、天津、上海和武汉四大城市举行，从而揭开了我国数学竞赛的序幕。

国际性的数学竞赛活动是从1959年开始举办的。这一年，罗马尼亚数学学会首先发出倡议，在布加勒斯特举办了第一届“国际数学奥林匹克”，得到了东欧七国的积极响应。此后，每年举行一次国际性的数学竞赛活动。1985年，我国首次派代表参加了第二十六届“国际数学奥林匹克”。

lǎo bǎn sǔn shī le duō shǎo qián

老板损失了多少钱

gù kè ná le yì zhāng bǎi yuán chāo piào dào shāng diàn mǎi le yuán de shāng pǐn lǎo bǎn yóu yú shǒu tóu méi yǒu líng qián biàn ná zhè zhāng bǎi yuán chāo piào dào péng you nà li huàn le yuán líng qián bìng zhǎo le gù kè yuán líng qián

顾客拿了一张百元钞票到商店买了25元的商品，老板由于手头没有零钱，便拿这张百元钞票到朋友那里换了100元零钱，并找了顾客75元零钱。

gù kè ná zhe yuán de shāng pǐn hé yuán líng qián zǒu le

顾客拿着25元的商品和75元零钱走了。

guò le yí huì er péng you zhǎo dào shāng diàn lǎo bǎn shuō tā gāng cái ná
过了一会儿，朋友找到商店老板，说他刚才拿
lái huàn líng qián de bǎi yuán chāo piào shì jiǎ chāo shāng diàn lǎo bǎn zǐ xì yí
来换零钱的百元钞票是假钞。商店老板仔细一
kàn guǒ rán shì jiǎ chāo zhǐ hǎo yòu ná le yì zhāng zhēn de bǎi yuán chāo
看，果然是假钞，只好又拿了一张真的百元钞
piào gěi péng you
票给朋友。

nǐ zhī dao zài zhěng gè guò chéng zhōng shāng diàn lǎo bǎn yí gòng
你知道，在整个过程中，商店老板一共
sǔn shī le duō shǎo cái wù ma
损失了多少财物吗？

zhù shāng pǐn yǐ chū shòu jià gé jì suàn
注：商品以出售价格计算。

你能快速画出五角星吗

如果有人问你，你会画五角星吗？你肯定说“会”。可是你会不会快速地画出五角星呢？现在我们就来介绍几种快速画五角星的简单方法。

方法一：首先在纸上画个圆，画出圆的直径AB来，然后把AB三等分，分点为C与D；过点C作EF垂直于AB，交圆周于E、F；连接ED并且延长和圆周交于H；连接FD并且延长和圆周交于G；最后连接AH与AG，五角星便画好了。也就是说，“直

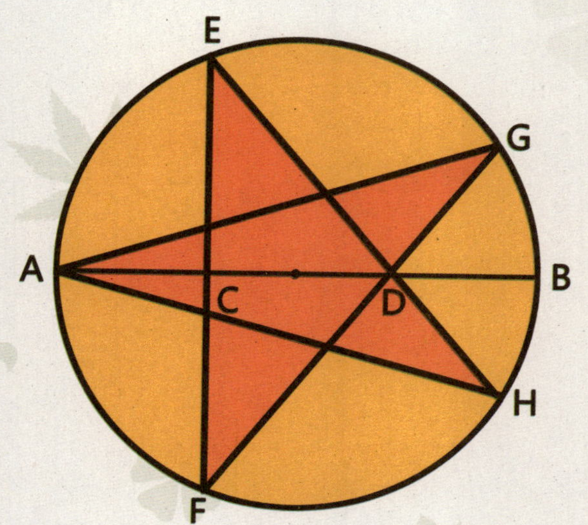

径三分开，飞梭织出五星来”。

方法二：首先在纸上画个圆，圆心为O，然后画出圆的两条相互垂直的直径AC与BD；之后分别以C、D为圆心，以上述圆的半径画弧，两弧交在OE点。则OE便近似于圆的内接正五边形之边长。自A点开始，以OE为半径在圆周上依次截出四个点来，连接相邻的两个点，得到的那个正五边形便叫作圆的内接正五边形（因为它的五个顶点都在圆上）。有了这五个顶点，就很容易画出五角星了。简言之，“城外道儿弯，城门五面开”。

fàng dà jìng néng fàng dà jiǎo ma
放大镜能放大角吗

wǒ men jīng cháng kàn dào lǎo yé ye lǎo nǎi nai zài dú shū kàn bào shí
我们经常看到老爷爷、老奶奶在读书看报时
shǐ yòng fàng dà jìng tā men wèi shén me yào yòng fàng dà jìng ne zhè
使用放大镜。他们为什么要用放大镜呢？这
shì yīn wèi fàng dà jìng kě yǐ bǎ shū běn shang de zì fàng dà ràng huā le
是因为放大镜可以把书本上的字放大，让花了
yǎn de lǎo nián rén kàn
眼的老年人看
de qīng rèn de zhǔn
得清、认得准。

nà me fàng dà jìng
那么，放大镜
néng fàng dà suǒ yǒu
能放大所有
de dōng xi ma
的东西吗？

yǒu yī yàng dōng
有一样东
xi tā biàn fàng dà bù
西它便放大不
liǎo nà jiù shì jiǎo
了，那就是角。
wèi shén me fàng dà jìng
为什么放大镜

不能放大角呢？这是因为，放大镜虽然放大了物体，却并没有改变物体的形状。放大镜不能把方形放大成为圆形，不能把正的字放大为倒的。在放大镜下面，构成角的两条射线的位置都没有变化，本来是垂直的放大以后还是垂直的，本来是斜着的放大以后还是斜着的，因此，这两条射线张开的角度并没有变，角还是那么大。放大镜仅仅是把图形的每个部分成比例地放大，而没有改变图形的状态。若放大镜为10倍的，这个放大比例便是10倍，所有的字都将是原来的10倍那么大。

yuánzhōu lǜ zhī fù shì shuí

“圆周率之父”是谁

zài yuè qiú de bèi miàn yǒu yī zuò huán xíng shān zhè zuò shān de míng zi jiào zuò zǔ chōng zhī huán xíng shān tā shì yòng lái jì niàn zhōng guó wěi dà de shù xué jiā yuán zhōu lǜ zhī fù zǔ chōng zhī de

在月球的背面有一座环形山，这座山的名字叫作“祖冲之环形山”。它是用来纪念中国伟大的数学家、圆周率之父祖冲之的。

wèi shén me shuō zǔ chōng zhī shì yuán zhōu lǜ zhī fù ne tā wèi rén lèi zuò chū le shén me gòng xiàn ne

为什么说祖冲之是圆周率之父呢？他为人类作出了什么贡献呢？

zǔ chōng zhī zài duō nián qián jiù què dìng le yuán zhōu lǜ zài hé zhī jiān xī fāng rén zhí dào nián hòu cái yǒu

祖冲之在1500多年前就确定了圆周率在3.1415926和3.1415927之间。西方人直到1000年后才有这样的认识。祖冲之还提出了圆周率的近似值为355/113，与圆周率的真值相差不到万分之一，称为“密率”，又叫“祖率”。

此外，祖冲之还制造了计时的漏壶、指南车、水推磨、千里船等。他还第一次提出太阳在地球上连续两次通过春分点所需的间隔天数为365.2428148，这与近代测量结果非常接近。

不仅如此，祖冲之还编制了《大明历》。他把过去历法中每19年设7个闰月改为每391年设144个闰月，使每过220年就有一天的误差改进为每1739年才有一天的误差。

róng qì wèi shén me cháng zhì zuò chéng yuán zhù xíng de
容器为什么常制作成圆柱形的

wǒ men fā xiàn zài rì cháng shēng huó zhōng yǒu hěn duō róng qì dōu shì
我们发现在日常生活中有很多容器都是
yuán zhù xíng de zhè shì wèi shén me ne
圆柱形的，这是为什么呢？

yīn wèi wǒ men shēng chǎn yī jiàn róng qì dōu xī wàng kě yǐ yòng zuì
因为我们生产一件容器，都希望可以用最
shǎo de cái liào lái zhuāng zuì dà tǐ jī de wù tǐ huò zhě shuō yòng tóng
少的材料来装最大体积的物体，或者说，用同

yàng de cái liào zhì zuò chéng róng jī zuì dà de róng qì
样的材料，制作成容积最大的容器。

wǒ men zhī dào yī gè miàn jī wéi píng fāng lí mǐ de zhèng fāng
我们知道：一个面积为100平方厘米的正方

xíng de zhōu cháng shì lí mǐ ér tóng yàng miàn jī de zhèng sān jiǎo xíng
形的周长是40厘米；而同样面积的正三角形

de zhōu zhǎng dà yuē děng yú lí mǐ ér tóng yàng miàn jī de yuán de
的周长大约等于45.6厘米；而同样面积的圆的

zhōu cháng zhǐ yǒu lí mǐ yě jiù shì shuō miàn jī xiāng tóng shí zài
周长只有35.4厘米。也就是说，面积相同时，在

yuán zhèng fāng xíng yǔ zhèng sān jiǎo xíng děng tú xíng zhōng zhèng sān jiǎo xíng de
圆、正方形与正三角形等图形中，正三角形的

zhōu cháng zhí zuì dà zhèng fāng xíng de zhōu cháng zhí bǐ jiào xiǎo yuán de zhōu
周长值最大，正方形的周长值比较小，圆的周

cháng zhí zuì xiǎo yīn cǐ zhuāng tóng yàng tǐ jī de yè tǐ de róng qì zhōng
长值最小。因此，装同样体积的液体的容器中，

jiǎ rú róng qì de gāo dù yī yàng nà me suǒ xū de cái liào yǐ yuán zhù xíng
假如容器的高度一样，那么，所需的材料以圆柱形

de róng qì zuì wéi jié shěng yīn cǐ róng qì jīng cháng dōu zhì zuò chéng yuán zhù
的容器最为节省。因此，容器经常都制作成圆柱

xíng de
形的。